Quand la nature bouleverse l'Histoire
 Illustrator: Clemence DUPONT
Author: Sylvie BAUSSIER
© 2019, Gulf stream éditeur
www.gulfstream.fr
This translation edition published by arrangement with Gulf stream éditeur through Weilin BELLINA HU.
Simplified Chinese translation copyright © 2021 by Beijing Yutian Hanfeng Books Co.,Ltd.

著作权合同登记号 图字: 23-2020-228 号

改变历史的大目录

〔法〕西尔维·博西耶 著
〔法〕克莱芒丝·杜邦 绘
王艳 译

云南出版集团 晨光出版社

目录

前言

　　我们谈论历史的时候，总是下意识地认为人类才是左右历史的主角，常常忽略了另一个沉默但更有力量的存在。它以不同的方式、形态出现在我们面前，且完全不受人类控制，如地震、火山爆发、洪水、暴风雨、陨星、肆虐的疾病（流行病）、太阳耀斑等，它就是自然。

　　有时候，它会以极其微小的形式出现，肉眼难以察觉，要用显微镜才能看到，比如造成爱尔兰史上最大饥荒的霜霉菌。而如果没有这场饥荒，肯尼迪也不可能成为美国总统。

　　有时候，各种自然现象还可能同时发生，让事情变得更加错综复杂。而真正引发这一切的原因，可能要很久以后才会被人们发现，例如，1259 年的全球气候紊乱。一开始人们只了解它产生的影响，却不知道导致气候紊乱的根源是什么。

　　而早在人类出现之前，也就是严格意义上的历史开端，就已经有许多重大的自然灾害相继出现了。今天我们通过对土壤、冰芯等的研究，还能找到这些灾害留下的痕迹，也就是所谓的"气候档案"。

　　科学家们就像研究经年悬案的侦探一样，不断寻找着各种蛛丝马迹，让地球"说话"，将那些精彩无限、引人入胜的历史真相一一呈现在我们眼前。

2.5 亿年前

一颗坠落的彗星引发了一场生态灾难

这可能是地球有史以来遭遇过的最严重的生物灭绝灾难。

它对地球上物种的进化产生了极为重大的影响。那个时候，连恐龙都尚未出现，更不用说人类这种进化史上较晚出现的生物了。

世界末日

那时的地球上只有一个超级大陆，叫作盘古大陆。后来盘古大陆逐渐分解，慢慢形成了我们今天所熟悉的各个大陆板块。

远古的时光漫长且平静，无数生命在这样的平静中繁衍生息。然而，一场始料未及的灾难彻底打破了这种平静。一颗坠落的彗星猛烈地撞击了地球！这次撞击引发了规模浩大的火山喷发。半个欧洲大小的地表被炽热的岩浆覆盖，熊熊大火在陆地上肆意蔓延。空气中充斥着甲烷、二氧化碳、硝酸、水银蒸气。当时的地球温度极高，像个燃烧的大火炉。火山喷发产生了大量的硫化氢，随着空气中硫化氢的浓度不断升高，氧气的占比也越来越少。

据估计这颗彗星的直径约为 11 千米。地球上有两个裂口的形成可能跟这次撞击有关：它们一个位于南极，另一个位于太平洋。

集体死亡

在这场灾难中，裸子植物（当时唯一的树种）、大型蕨类植物和动物（两栖类、三叶虫、爬行类、哺乳类……）接连死去。这场规模浩大的集体死亡持续了至少 2 万年。80% 的陆地和海洋物种都在这场浩劫中悄然消亡。而在此后的数百万年间，糟糕的环境依然十分不利于动植物生存。不过，尽管空气和海洋中氧气稀少，依旧有一些小型爬行动物得以存活了下来，尤其是双弓类动物。这类动物就包括现在的鸟类和爬行类（不包括乌龟）。而在这场灾难过后的三叠纪（公元前 2.45 亿年至公元前 2.08 亿年前），恐龙开始出现，它们是由某些幸存下来的物种进化而来的。

6500 万年前

小行星撞击和火山爆发导致恐龙灭绝 *

恐龙大约是在 6500 万年前消失的。这种超乎寻常的爬行动物，深受孩子们的喜爱。它们大多身形巨大，有的甚至有 6 层楼那么高，那么，是什么杀死了这些身形庞大的动物，甚至让它们在地球上消失殆尽呢？那肯定是比恐龙本身更为巨大恐怖的存在。

生命演化史上的劫难

这个重要的转折点被称为白垩纪－古近纪灭绝事件。在这个时期，一颗直径约 10 千米的小行星撞击了地球，撞击地点位于现在的墨西哥附近，致使位于现在印度西部的众多火山爆发。

极度寒冷

上述事件给地球带来了长达几年，甚至几十年的漫长冬季。小行星撞击和火山爆发产生了浓郁的灰尘和硫磺，它们弥漫在空气中难以消散，使得阳光被反射，无法穿过大气层到达地面。地表温度也因此由平均 20℃降到 0℃以下，据估计约为 −15℃，整个地球仿佛被置于一个巨大的冰柜中。

* 注：小行星撞击说是目前有关恐龙灭绝的众多假说中最受大家认可的一种。

物种消亡

一场前所未有的严寒席卷了全球，而大约 60% 的物种都没能逃过此劫。由于阳光被空气中的灰尘反射，植物无法进行光合作用，导致植物大量死亡，食草动物也因此纷纷饿死，随之而来的就是食肉动物的接连死亡。其中最著名的受害者是非飞行类恐龙，也就是我们一般印象中的"恐龙"，如霸王龙、梁龙等。而存活下来的飞行类恐龙，则成为了现在我们常见的鸟类的祖先。

生活在海洋中的生物也难以幸免，它们的生活同样经历了天翻地覆的变化，许多海洋爬行动物都在这场劫难中灭亡了。但也有一些小型哺乳动物得以幸存，恐龙的消亡给它们留出了生存空间。不过，如果没有这段历史，我们这些从远古哺乳动物进化而来的人类，或许今天也就根本不会存在了……

3500 年前

那些流传于神话中的大洪水

　　许多地中海文明的神话中都有关于大洪水的故事：接连不断的暴雨形成了肆虐的洪水，汹涌而来的洪水淹没了大地，席卷了村庄，几乎吞噬了途经之地的所有生命，给人类历史造成了天翻地覆的影响。那么这些神话中的故事真的曾经发生过吗？对此，考古学家和地质学家分别给出了不同的科学解释。

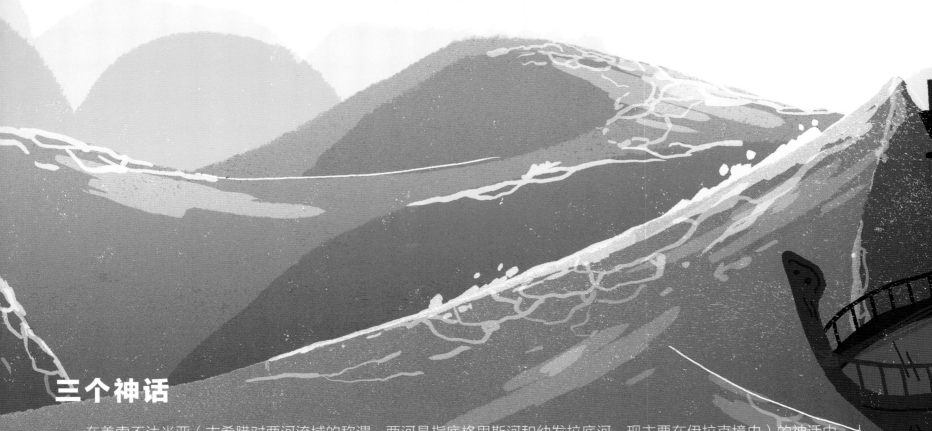

三个神话

　　在美索不达米亚（古希腊对两河流域的称谓，两河是指底格里斯河和幼发拉底河，现主要在伊拉克境内）的神话中，人类毫无节制的喧闹激怒了神灵恩里勒。为了惩罚人类，他先是将瘟疫、饥荒、疾病等灾难降至人间，继而又想用洪水淹死人类。充满智慧的水神恩基向人类伸出了援手：他将这一消息告诉了一位名叫阿特拉哈西斯（意思是"超凡智者"）的人类，让他造了一艘大船，载着他的家人和各种动物逃过了这次灭顶之灾。

　　在希腊神话中，宙斯因为人类不够尊重他并且变得愈发暴力而决定要（再次）惩罚人类。他命令海神波塞冬将人类淹死。普罗米修斯将此事告诉了他的儿子丢卡利翁。于是丢卡利翁和他的妻子皮拉建造了一艘船，帮助人类渡过难关。在希腊的神话记载中，他们创造了全新的人类文明。

　　在《圣经·创世纪》中也记载了诺亚的故事，一场持续了 40 个昼夜的洪水席卷大地，意图毁灭堕落的人类。于是诺亚建造了一艘方舟，带着他的家人，并在每种动物中各选了一对登船避难。那么，这些神话中记载的灾难都曾真实发生过吗？

美索不达米亚的线索？

20世纪20年代，英国考古学家伦纳德·伍利在美索不达米亚乌尔城的遗迹中发现了重要线索。他在古城遗迹里发现了人类生活的痕迹——一些刻有符号和图案的黏土板。此外，他还在这里发现了洪水泛滥留下的流沙和淤泥形成的厚达3米的沉积层。进一步证实这里确实曾有洪水泛滥。难道两河流域（底格里斯河和幼发拉底河）真的发生过洪水吗？根据这位考古学家的推算，这场灾难应该发生于3500年前。但在美索不达米亚的其他研究中显示的时间却不尽相同，在该地区的其他一些城市，甚至没有找到洪水留下的任何痕迹。

气候变暖的线索

1998年，哥伦比亚大学的地质学家提出了另一种假设。他们认为在最后一次的冰川末期，也就是大约1万年前，全球气候变暖、冰雪消融，致使海平面上升。泛滥的地中海海水越过博斯普鲁斯海峡，填满了今天我们称为黑海的地区。而这可能又引发了人口的大规模流动。今天流传的神话故事可以追溯到这些事件中的哪一个呢？迄今为止，这个问题仍然没有确切的答案。

公元 79 年

维苏威火山摧毁了庞贝城，却留下了古罗马人生活的点点滴滴

维苏威火山位于现在意大利南部那不勒斯附近，它在公元 79 年的那次喷发，给当时的人们带来了一场空前绝后的灾难，将庞贝城永远地凝固在了千年前的那一刻。但同时也让我们能够有机会以一种独特的方式，一窥古罗马人日常生活的点滴。

突然苏醒的庞然大物

公元 79 年的秋天，人们刚刚完成了葡萄采摘，满怀喜悦地酿造了一缸又一缸的葡萄美酒。然而，谁也没有料到，沉睡多年的维苏威火山突然苏醒了。此时，距离这座火山的上一次喷发已经过去了 3500 年。对于人类来说，3500 年实在是一段漫长的岁月，但对于火山，这却只是短短一瞬。

那个时候，得益于炎热的气候和火山脚下肥沃的土壤，坐落于火山脚下的庞贝城十分富饶。城中有一个巨大的广场，周围环绕着一座大剧院和几所温泉浴场，还有不少神庙、豪宅以及三条主干道。大部分的道路都有人行道。庞贝城不远处就是赫库兰尼姆港口，那里的民居都装饰得十分讲究。

闪电般的灾难

这些常年生活在火山脚下的居民们从未想到，这次火山喷发会带来一场毁灭性的灾难。第一天上午，先是发生了数次地震，随后火山开始喷发。浓郁的火山灰冲上天空，整个天空开始变得黑沉。从下午 1 点开始，混合着灰尘和碎石的火山灰袭击了城市，此时，人们被团团围住，已经无法逃脱。到了午夜时分，混合着各种有毒气体、灰尘和火山石的气柱冲上云霄，高达 30 千米。到了第二天，灾难并未停止，反而更加严重。

庞贝城和赫库兰尼姆在 48 小时内被彻底摧毁。它们被火山碎石和泥浆掩埋，永远地定格在了公元 79 年。据估算，约有 1.6 万条生命被维苏威火山的喷发永远地掩埋在了地下。

重现人间：震惊

1700 年后，当地的农民在耕作土地时发现了古城的遗迹，这座被掩埋在地下的城市终于得以重见天日，整个现代欧洲都为之震惊。发掘工作迅速展开，很快，人们便发现了被掩埋在地下的赫库兰尼姆剧场和众多雕像。当时的权贵开始争相抢夺这些艺术品，使得无数珍贵的艺术品流落到了欧洲各个王室宫廷中，无法做进一步考古研究。直到 1763 年，人们找到了刻有庞贝字样的石块，才终于意识到这里便是庞贝古城。

身临其境地了解古罗马人的生活

庞贝古城几乎原封不动地保留了古罗马人生活的痕迹，将多年前那惊心动魄的一幕真实地再现于世人眼前。

考古学家们在冷却的火山灰块中发现了一些空腔，那是被火山灰淹没后，窒息而死的古罗马人尸体腐坏后留下的空腔。人们找到了大约 2000 个这样的人形空腔。可是，该如何保存这些空腔的形态呢？考古学家朱塞佩·菲奥雷利想到了一个办法，他向空腔里注入石膏，待石膏冷却凝固后，便得到了逼真的人体石膏模型。

自 540 年起

查士丁尼瘟疫席卷各个王国

这场瘟疫在全球范围内夺走了至少 2500 万人的性命，在中东和欧洲尤为严重。它甚至削弱了两个帝国的实力，阻碍了罗马最后一任皇帝查士丁尼统一他的帝国，同时又让伊斯兰教在对抗波斯的战争中占得上风。它也让法兰克人的国王们在深受疫情重创的南欧占尽了优势。这场瘟疫反复爆发，大约在 8 世纪消失，原因尚且不明。

通过老鼠传播

经后来人们研究推断，这场瘟疫是由鼠疫杆菌引起的。老鼠身上携带着这种病菌，如果人类被寄生在老鼠身上的跳蚤叮咬，病菌就会传到人类身上。当时的历史学家详细记录了这种疾病的症状，他们观察到鼠疫患者会得腹股沟淋巴结炎：腹股沟、腋窝和脖子处的淋巴又肿又胀、疼痛无比。

鼠疫之路

关于鼠疫的起源，现在说法不一。一种说法是其可能来自中亚，通过生活在船只上的老鼠，经海路进行传播，在 541 年到达中东，席卷了巴勒斯坦、叙利亚，然后于 542 年到达了拜占庭帝国的首都君士坦丁堡（现在土耳其的伊斯坦布尔）。之后，它又一路传播到欧洲：先是到达高卢地区和意大利，后又沿罗纳河、索恩河一路北上。在东方，拜占庭的死对头波斯也惨遭鼠疫侵袭。

风雨飘摇中的君士坦丁堡

由于那一时期，查士丁尼一世正在统治拜占庭帝国，因此这场鼠疫也被称作查士丁尼瘟疫。国王本人也感染了鼠疫，不过后来痊愈了。但在当时的君士坦丁堡，每 3 人里就有 1 人死亡，这些人有的是感染鼠疫死亡，有的则死于疫情造成的其他后果，例如饥荒……

人们的生活开始变得混乱无序，每天约有 1 万人死去，要想让逝者入土为安，需要付给挖墓人成倍的报酬；人们在忍受饥饿的同时，还要防止家中被盗贼抢劫；还有人蠢蠢欲动，想要起义反抗……不过，虽然当时的政府已经千疮百孔，查士丁尼还是尽力为民众安排了力所能及的公共服务。

鼠疫改变了人类的历史进程

伊斯兰的先知穆罕默德生于 570 年。在此后的数十年中，伊斯兰的势力逐渐壮大。穆罕默德的继承者奥马尔，由于担心被感染，放弃了进军君士坦丁堡。后来，由于波斯国力被疫情大大削弱，最终没能抵御穆斯林军队的入侵。

590 年，罗马教皇佩拉吉二世死于鼠疫，圣格列高利一世继承了教皇之位。传说他主持了一场宗教游行仪式，将鼠疫逼退到罗马的一个地方，后来人们把这里命名为圣天使堡，因为据说那里出现了一个手持带血利剑的天使。

1257 年

神秘的自然灾难扰乱了气候

那一年始终特别的寒冷，太阳终年被云雾遮挡，大气中弥漫着浓郁的烟雾。饥荒席卷了世界上的很多地方，使得那一时期的死亡率急剧攀升。这场灾难史无前例，影响遍及全球，但当时的人们谁也无法解释这些现象。

为什么死亡人数如此之多？

在 1257 年及此后的数年内，伦敦、巴黎以及全球许多城市的死亡人数都超出了正常水平，但当时却并没有发生战争。更让人无法理解的是，其中死亡的大部分都是女性。1258 年夏天，英国小麦歉收，动物们纷纷饿死，死亡人数高达 1.5 万人！饥荒同样席卷了西班牙和德国。同时期的亚洲也并不平静，正处在南宋时期的中国，竟然出现了西湖全面结冰现象，连年的寒冷天气更是加快了整个南宋统治的覆灭。日本则被笼罩在连续的瓢泼大雨之中。

30 年的科学研究

20 世纪 70 年代，科学家们对这一现象展开了研究。他们分别在南北极地区进行钻探研究。在冰盖以下 79 米的冰芯中，古气候学家发现了大量的硫化物。根据推算的时间，这些硫化物来自 1257 年的一次火山大喷发。那么究竟是哪次火山喷发呢？

既然科学家们在地球两极都找到了这次火山喷发的蛛丝马迹，那么，我们可以由此推断，这次火山喷发一定发生在地球的中部，也就是南北回归线之间的区域。

抽丝剥茧

科学家们把这些蛛丝马迹与 1991 年菲律宾皮纳图博火山大喷发留下的痕迹进行比对，并研究岩浆冷却后形成的浮石大小，最后得出以下推论：当时火山喷发喷出的火山灰飘到了距离地表 43 千米的平流层，火山气体遇到高空中的水又形成了硫酸盐气溶胶，气溶胶将太阳光反射回太空，使得阳光无法到达地面，这使得地球被阴暗和寒冷笼罩，冬季变得漫长而严酷。

直到 2010 年以后，两位专家才找到了这场自然灾难真正的元凶——位于印度尼西亚的林贾尼火山以及附近另一座火山。这两座火山于 1257 年爆发然后塌陷，形成了巨大的火山口，距今已经有 760 多年的时间了。

自 1334 年起

黑死病在欧洲造成的死亡人数远超英法百年战争

这是曾让整个欧洲闻之色变的疾病，这种新型鼠疫给当时的欧洲带来了难以预估的灾难，无论是王公贵族，还是黎民百姓，生命在这种疾病面前，变得尤为脆弱。犹太人也因为这种鼠疫而在欧洲饱受迫害。由于它极具破坏性，16 世纪以来人们又叫它——黑死病。

游荡的死神

这次鼠疫起源于 1334 年的中亚地区。携带这种疾病的老鼠，偷偷溜上了开往欧洲的商船，一路漂洋过海。直到十年之后，鼠疫出现在欧洲。据估计，它在欧洲造成了约 2500 万人死亡。然而，鼠疫仍在不断蔓延，到了 1348 年，地中海四周已经全部沦陷。随后，鼠疫开始向北欧地区传播，共造成了 6000 万人死亡。无论男女老少、贵族平民，任何人都有可能感染。1352 年，鼠疫在诺夫哥罗德（俄罗斯）爆发。黑死病前后横行 3 个世纪，期间不断地反复爆发，卷土重来。

鼠疫与战争

1337 年至 1453 年，英法两国之间爆发了百年战争，这场断断续续的战争造成了大量死亡。尽管如此，其造成的死亡人数却远不如感染鼠疫而死的人数多。之后疫情又传到西班牙，并于 1350 年 3 月 26 日夺走了正在围攻直布罗陀的阿方索十一世（莱昂和卡斯蒂利亚王国的国王）的性命。这使得直布罗陀城的控制权仍然掌握在穆斯林联盟的摩尔人手中。不过，西班牙人成功收复了对海峡的控制权，这对于西班牙人来说，至关重要。

医学乏力，恐惧蔓延

　　无论是放血还是通便，没有一个方法能有效地治愈鼠疫。当时的医生们身披黑色斗篷，戴着装有丁香的鸟嘴面具——他们相信这样可以保护自己免于被感染，除此之外他们也无计可施。当时很多人都认为，这场瘟疫是上帝降下的惩罚。在这种背景下，鞭笞（chī）派苦修在西欧一度十分盛行。这是一种中世纪宗教派别，信徒企图通过边走边鞭笞自己的方式，来减轻迫在眉睫的天罚。他们相信一旦洗清自己的罪孽，黑死病就会停止。

　　在欧洲的犹太人一度被认为是黑死病的转播者，传言说他们在井水和河流中投毒，因此犹太人遭到了疯狂的报复。虽然教皇克莱芒六世在艾维尼翁城中保护了他们，但在其他地方，如普罗旺斯、巴塞罗那，以及斯特拉斯堡等地，犹太人则遭到了极为血腥残酷的屠杀。

1588 年

一场飓风助力英格兰战胜西班牙无敌舰队

西班牙无敌舰队那时并不叫"无敌"舰队，而且它也并非逢战必胜。但是这个名字却在历史中流传了下来，同时流传下来的还有西班牙舰队被打败的故事。而在这场颇为传奇的战役中，一场飓风扮演了至关重要的角色。

海上强国的碰撞

那个时候，伊丽莎白一世统治英格兰，她是一名新教徒。而信仰天主教，原本意图登上英格兰女王宝座的玛丽一世（玛丽·斯图亚特，原苏格兰女王）却在 1587 年被处死了。同样信仰天主教的西班牙国王腓力二世为此勃然大怒。此外，英格兰在海上的势力也不断威胁着西班牙的利益，而伊丽莎白女王还挑唆弗兰德斯地区起义反抗腓力二世的统治。因此，西班牙决定攻打英格兰。如果西班牙赢得此次战役，便能一跃成为国际贸易的霸主。一场规模浩大的海战蓄势待发，它将决定两大强国在海上的势力划分。

英格兰人的计谋

西班牙海军总共派出了 130 艘战舰，这些战舰载着 2 万多名士兵从里斯本（位于葡萄牙）出发。而英格兰舰队虽然有很多船只，却只有少数战舰。他们的船只易于操控但火力较弱，因此并不适合近距离作战。

然而，1588 年 8 月 7 日至 8 日的夜间，英格兰人点燃了自己的 8 艘小艇，让它们随着水流漂向已经下锚的西班牙舰队。西班牙人赶忙解开缆绳，把战舰驶向大海以此避开燃烧的小艇，正在此时……

飓风来袭

  英吉利海峡的狂风卷着海浪，将西班牙舰队卷向北海。面对始料未及的狂风巨浪，以及身后紧追不放、用炮火进行猛烈攻击的英格兰战舰，西班牙人决定放弃对英格兰的进攻，即刻返航回国。但是突如其来的暴风雨几乎无休无止，西班牙海军既没有准确的地图，又无法正确地测算纬度，为了避免搁浅，只能将船只全部开到外海上。然而从南边来的暴风雨和墨西哥湾暖流造成的逆向洋流，却又将舰队逼到了爱尔兰的西海岸。令西班牙舰队万万没有想到的是，1588 年 9 月 21 日，一场飓风席卷了这片海域。二十多艘舰船全部沉没，一共有 5500 多名西班牙人死在了爱尔兰，还有一大部分人被英格兰驻军俘获。这次战役的胜利少不了英格兰人的足智多谋，但更少不了出人意料的坏天气的"鼎力相助"。从此，西班牙再也不敢入侵英格兰。

1783 年

冰岛火山爆发搅乱了整个欧洲

1783 年 6 月 8 日星期日，冰岛南部的拉基火山突然爆发，这场火山爆发整整持续了 8 个月。整个欧洲的天空都被厚厚的云层覆盖，阻挡了阳光照射，使得植物无法进行光合作用。随之而来的便是寒冷、饥荒、死亡，以及商人对小麦的投机倒把……这次火山爆发也是触发法国大革命的原因之一。

燃烧的冰岛

你能想象这样的场景吗？地面裂了一道长达 25 千米的大口子，温度高达 1000℃ 的岩浆被喷到了空中，在高空中遇冷降温后又凝结成大大小小的石块，狠狠砸回地面！这些"火山弹"总共带出了约 15 立方千米的岩浆。它们发出了震天的声响，当地人还以为是地狱在脚下裂开了。岛上 80% 的羊，一半的牛和马都死于这场灾难。食物的极度匮乏迫使当地居民煮书为食，因为当时书的封面是用皮革制作的，找不到食物的人们只能煮食这些皮革来充饥。大约 1 万冰岛人死于这次火山喷发，这相当于当时全岛人口的四分之一。

动荡中的欧洲

火山喷发释放出的二氧化硫到达平流层后遇水转化成了硫酸，其所形成的硫酸云层将太阳光反射回了外太空。而流动的风又将这些硫酸云层吹到了德国、法国，再到英国，整整绕了一大圈。强劲的暴风雨袭击了许多欧洲国家。歌德在法兰克福的家就遭到了洪水的侵袭。英国博物学家海伍德日复一日地记录他在贝德福德郡的花园中观察到的情形。他记录了暴风雨、瓢泼大雨、冰雹……仅仅在 8 月和 9 月两个月间，英国就有 2.3 万人死于含有硫酸的有毒气体。据法国沙特尔地区的档案记载，当地在短短 18 天内就有 40 人死于硫酸雾。

到了秋天，浓雾终于开始消散，但它带来的严峻影响仍然存在。冬季变得严酷又漫长，就连远在美洲的美国也深受影响，而位于热带和亚热带的墨西哥湾甚至结了冰。

革命的导火索

　　伴随着异常寒冷的冬天，饥荒接踵而来。小麦的价格急剧攀升，投机者趁此囤积居奇，工人们连面包这样基本的食物都买不起。当时的整个欧洲社会，民不聊生，怨声载道，农民们绝望至极。洪水过后，1784 年的夏天变得异常炎热，而这一年的收成，并不足以弥补之前的匮缺。食物仍然供不应求，这进一步加深了饥荒、愤怒和绝望。就是在这样的时代背景下，1789 年，法国大革命爆发了。

1815年

印度尼西亚的火山喷发改变了拿破仑的命运

1815年，拿破仑一世战败。但为什么一座位于印度尼西亚的火山大喷发，会对一场远在比利时的战争造成影响呢？

坦博拉火山喷发

印度尼西亚的松巴哇岛位于环太平洋火山带（由围绕太平洋的一系列火山组成的巨大链条，呈马蹄形）上。在沉睡了大约2000年后，岛上的坦博拉火山于1815年4月5日再次苏醒。4月10日，三股炙热的岩浆喷涌而出，火山喷出的浮石像暴雨一般砸向距离火山30千米远的桑加尔村，从山口倾泻而出的熔岩流则汇聚成一条燃烧的河流汹涌而下。持续又猛烈地喷发，甚至喷掉了火山的山顶，形成了一个巨大的火山口。火山周围的村庄里，约1万人直接被火山喷发物砸死，还有几万名岛上居民死于火山爆发之后的硫酸雨、饥荒以及随之而来的疾病。

全球气候变冷

火山喷发带出了大约1500立方千米的物质，喷发柱高达40千米，喷发的轰隆声甚至传到了1400千米外的马鲁古群岛。风把火山灰吹上高空，带到了全球的各个角落。这些火山灰如盾牌一般将阳光反射出去，使之无法到达地面，这使得温度降低，气候变冷。美国、法国、中国等许多国家都发生了不同程度的饥荒，成千上万的人被活活饿死。

滑铁卢之战

　　1815 年 6 月 18 日，法国军队与英国、荷兰和普鲁士联军在比利时小镇滑铁卢决战。此时，距离坦博拉火山开始喷发已经过了两个月，大量的火山灰随风飘到了全球各地。6 月 18 日早上，奇形怪状的乌云布满天空，瓢泼大雨倾盆而下。这使得道路泥泞不堪，马匹和火炮都陷入泥沼无法动弹，潮湿的步枪甚至连火都点不着，法国军队因此在关键时刻贻误了战机。除了当时无法解释的恶劣天气，当然也有人为因素：拿破仑的军队部署错误，最终溃不成军，死伤人员多达数万。拿破仑传奇的一生也就此落幕。

　　法国历史上的这个大事件标志着法兰西第一帝国的结束。法国作家夏多布里昂的《墓畔回忆录》、巴尔扎克的《乡村医生》以及司汤达的《巴马修道院》中都描写了这段历史。英国画家威廉·透纳在那一年所创作的画作中，也呈现了不寻常的天色和过于绚烂的落日，这些细节都间接给后来的历史学家留下了当时天气异常的证据。

1851年

爱尔兰大饥荒改变了美国的历史进程

爱尔兰大饥荒让数百万人不得不背井离乡，奔向世界各地。在这一时期，大量的爱尔兰人涌入美国，也使爱尔兰人成为美国最大的天主教族群。如果没有这次饥荒，约翰·肯尼迪可能就不会成为第一位爱尔兰裔美国总统了。

霜霉病毁了好收成

1845年，一种来自欧洲中部的寄生真菌传到了爱尔兰岛上。它直接影响了许多小农场的土豆收成。短短三年时间，土豆的产量就降了四成，饥荒接踵而至。当时的爱尔兰是英国的殖民地，然而英国却对爱尔兰的灾荒视而不见，反而继续逼迫爱尔兰将一部分收成出口给英国。到了1851年，已经有大约100万人死于饥荒及随之而来的疾病。这些人大多来自爱尔兰西部最贫穷的郡。

无力负担税收的爱尔兰人被英国政府驱逐，这一悲惨的插曲进一步加剧了两种文化之间的裂痕，并引发了长期的战争。

逃离故土

迫于饥荒，150万爱尔兰人选择从海上逃离，其中绝大部分人自此再也没有回到故乡。70%的难民去了美国，希望能有个更好的未来，这就是所谓的"美国梦"。他们大多去了纽约、芝加哥和波士顿，也有一部分去了英国、加拿大、澳大利亚等同样说英语的国家。

美国不是梦想中的天堂

此时已经在美国定居的欧洲移民基本都是新教徒，他们都是"排外主义者"。贫穷的爱尔兰天主教徒们非常不受欢迎，他们居住在地下室或者肮脏的小套房里，彼此相依为命。1850 年到达美国的外国移民中有三分之一都是爱尔兰人。他们通过建铁路、挖运河、采矿这些苦力活挣着微薄的收入，每日超负荷的劳作和看不到未来的苦闷令他们常常酗酒解压，许多人还感染了霍乱、结核等疾病。

社会地位的提升

这些爱尔兰人的孩子被父母送进天主教学校，逐渐成长为美国信奉天主教的中坚力量。慢慢地，其中一些人摆脱了困境。虽然他们的社会地位提升得依旧非常缓慢，但却很扎实。就这样，整个美国社会在潜移默化中受到了很大的影响。

就是在这样的背景下，1849 年移民到美国的肯尼迪家族诞生了许多位政治家，其中就有美国总统约翰·肯尼迪。他还在当选成功后，于 1963 年回到故土爱尔兰寻根，并拜访了还留在爱尔兰的堂兄弟。

1944 年

一场风暴拯救了登陆的盟军

1944 年 6 月，诺曼底海边的天气非常糟糕。肆虐的风暴伴随着滔天的海浪，在德国人看来，盟军是不可能在这样的天气下登陆的（诺曼底登陆是盟军在二战期间发动的大规模海陆空立体化战役）。但谁也没有料到，这糟糕的天气居然会成为盟军成功登陆的得力助手！

天气是战略要素

美国将军德怀特·艾森豪威尔从 1944 年 5 月起就密切关注着诺曼底海边的天气。因为天气对于这次登陆的影响非常大。

如果他们想在登陆前轰炸德国，就需要选择一个万里无云的满月之夜，以便于瞄准目标；而空降兵跳伞时，则需要较小的风力，才不会使他们的降落发生偏移。

想要万事俱备并非易事，而 6 月 5 日似乎就是个绝佳的日子。但天气说变就变，一场突如其来的冷空气前锋使得当天的登陆变得异常危险。于是艾森豪威尔决定将登陆计划推后一天。

一场赌局

德军也紧密关注着潮汐和天气状况，但他们认为 6 月 6 日海面的暂时平静不足以让盟军冒险进行大规模登陆。

于是，德国元帅隆美尔决定暂时离开诺曼底，回德国为他的妻子庆生。与此同时，盟军通过海陆空卓有成效的佯动，使德军相信盟军的登陆地点会更加靠北，因此，在诺曼底的德军放松了警惕。但是，仍有大量部队驻扎在此，德国在诺曼底地区部署了 50 个师，其中有 17 个师就驻扎在海边。

出乎意料

　　然而盟军的选择却让德军大吃一惊：盟军的登陆地点让他们有点始料未及，登陆时间也出乎他们意料地选择在了坏天气中间极为短暂的平静时期。

　　那时的天气还很阴沉，海风依旧强劲（风力 4 级），汹涌的海浪肆意翻滚。在如此恶劣的环境下，盟军 800 架飞机需要搭载 13340 名伞兵，而夜间从海面升起的水雾更是加剧了这个任务的难度。强劲的海风甚至把 20 多名伞兵吹到了圣梅尔埃格利斯小镇的镇中心，其中一位名叫约翰·斯蒂尔的伞兵，他的降落伞恰巧挂在了教堂的钟楼上。虽然他最终被德军救了下来，但也因此成了俘虏。电影《最长的一日》讲述了这场战役，并使他的故事广为人知。另外一些伞兵落到了远离预定降落点的地方，却又被重达 45 千克的装备困住。但不管怎么说，盟军的登陆计划还是成功了，德国人最后落荒而逃。糟糕的天气竟然成了盟军意料之外的得力助手。

1967 年

一场磁暴差点引发第三次世界大战

1967 年 5 月 23 日，一场始料未及的自然现象差点引发一场灾难性的军事冲突，这个差点引发第三次世界大战的自然现象，就是由一场特别巨大的太阳风暴引起的强烈磁暴。

历史背景

自 1947 年起，美国和苏联（包括俄罗斯和其他加盟共和国）开始进入冷战状态。两大阵营都拥有破坏力极其恐怖的核武器，可以彻底摧毁对方，因此双方一直维持着一种平衡。人们希望谁也不要先挑起事端，因为核战争的破坏力极为恐怖，它会造成人类难以想象的伤亡。

美国和苏联都在暗暗观察对方的举动。美国还在北极圈里安装了雷达，用来监测可能来自苏联的导弹。

未知的神秘力量

1967 年 5 月 23 日，美国的雷达和通讯设施突然遭到了严重干扰以致全部失灵。是不是敌人突然发动了核战争？美国政府陷入了恐慌。是否要对敌人采取报复行动呢？一旦处理不当，这件事情很有可能变得十分严重。

科学家救场

幸运的是，美国的太阳监测机构很快就介入了。他们解释说干扰雷达的并不是苏联，而是太阳。1967 年 5 月 18 日以来，他们在太阳表面监测到了耀斑，这说明产生了太阳风暴。此外，在接下来的几周内，受太阳风暴的影响，在美国西南部的新墨西哥州甚至都能看到北极光，无线通信也将受到严重干扰。多亏科学家及时的解释，人类才避免了一场战争的爆发。

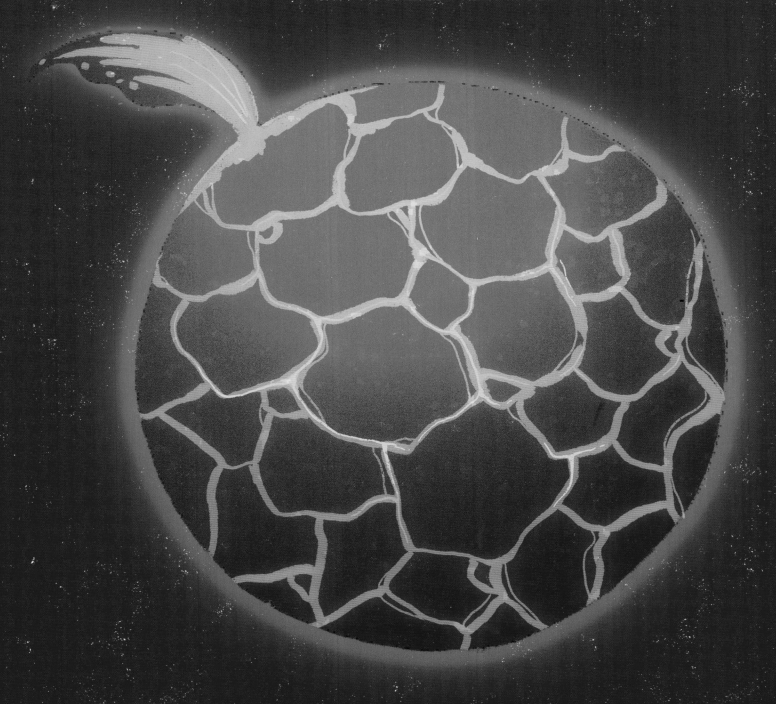

什么是太阳风暴？

这种现象每 11 年左右就会出现一次，也叫作太阳喷发。这时，我们在地球上可以观测到太阳的某些区域突然增强，我们也称之为太阳耀斑。这种在太阳表面的爆发会以光子和电磁波的形式，在短时间内释放巨大的能量，它所释放的能量在宇宙中以极快的速度传播。如果太阳风暴发生的太阳区域正好面对地球的话，这些能量经过 3 天左右的时间就会到达地球，并同地球磁场相互作用。它会危害卫星，造成极光现象，扰乱无线通信、雷达系统，触发地磁风暴……

2005年

卡特里娜飓风揭示了美国的脆弱

2005年，卡特里娜飓风摧毁了美国新奥尔良的大部分街区，大大削弱了世人心目中美国强大且坚不可摧的印象，被认为是美国历史上损失最大的自然灾害之一。然而说起这场灾难，很多美国人却会想起爵士乐和一部著名的电视剧，那么它们之间又有什么关系呢？

城市恐慌

2005年8月，一场恐怖的飓风席卷了密西西比州。新奥尔良的地势本就低于海平面，随之而来的强降雨在新奥尔良市形成了难以退去的积水。更糟糕的是，原本用来保护城市，防止密西西比河和庞恰特雷恩湖倒灌的堤坝却因风暴潮而决堤了！洪水喷涌而出，整个地区的供电和电话线路全部被切断，新奥尔良被6米深的洪水淹没。

居民们惊慌无措四处逃离，交通状况混乱不堪……整个城市陷入无序状态。一共有1800多人死于这场灾难，25万居民被迫撤离。

灾难下的新奥尔良

此次受灾最严重的是那些易发生洪水的低洼地区，这里的居民生活拮据，他们因为没有汽车而无法及时逃离。由于当时美国应对灾难的准备不足，电视报道中随处可见无家可归、穷困潦倒的黑人。

灾难过后，当地的卫生条件十分令人忧心，城市秩序混乱不堪。积水久久不退，大街上漂浮着尸体，人们又饿又渴，却没有足够的食物和淡水，甚至还有武装团伙抢劫商店并向居民开枪。

刚从伊拉克战场撤回的国民警卫队也被调到当地增援，维护治安。同时，美国政府还派出了6艘舰艇和多架直升机来撤离灾民。

环境和文化影响

　　有着法国传统，又是爵士乐诞生地的新奥尔良被这场灾难摧毁了一大部分。祸不单行，在墨西哥湾，又有 20 多个海上石油平台发生泄漏，即使已经采取了预防性措施来控制漏油，最终仍然对当地脆弱的生态系统产生了严重影响。更糟糕的是，油罐和运油车里的石油也发生了大面积的泄漏。

　　原本涂抹在房屋上的油漆，在洪水的浸泡下析出重金属铅，和混杂在洪水中的粪便、泄漏的原油混合在一起，形成了难以处理、危害极大的混合物。然而汹涌的洪水并未止步，它又将湖底的淤泥卷了出来，和这些污染物掺和在一起，难以分离，使得清理工作变得更加艰难。

　　可惜，十多年后的 2017 年，当飓风哈维袭击美国休斯顿时，人们并未能从 2005 年的灾难中吸取到多少教训，这场飓风最终依旧给美国造成了十分重大的人员伤亡和经济损失。

成功的电视剧

　　2010 年，美国发行的 36 集电视连续剧《忧愁河上桥》（又名《劫后余生》，英文原名为 Treme，这是新奥尔良一个法国历史街区的地名）讲述的就是新奥尔良的故事。剧中描述了当地居民在卡特里娜飓风过境后重建家园的故事，许多当地人在剧中本色出演。这部剧可以说是记录灾难的一个重要的文化产品。

2011 年

一场海啸引发了福岛的核灾难

日本是一个经常发生火山喷发和地震的国家，而这场震惊世界的核灾难就发生在日本。谁也没有想到，一场地震引发了海啸，而海啸携带的巨浪席卷了核电站，造成了严重的损坏和放射性粒子泄漏。这场 7 级（最高级别）核事故同 1986 年的切尔诺贝利核事故一样令人生畏，它对周围的环境造成了长久的污染，迫使人们迁离故土。这次事故让人们重新意识到核工业的危害。

14 米高的巨浪

2011 年 3 月 11 日当地时间 14 点 46 分，一场 9 级地震发生了，震中就在日本外海。对日本来说，地震不算稀奇，因为那里几乎每年都要发生无数次大大小小的地震。

但是这次地震却进一步引发了海啸，足有一栋楼高的巨浪吞没了许多沿海城市。船只、汽车、房屋像小玩具一样被海水卷走，造成了将近 3 万人死亡或下落不明。而最糟糕的是，汹涌的海水夹带着大量废物涌进了福岛核电站。

核事故

地震发生时，三个核反应堆自动停止了运行。一个小时以后，海啸淹没了备用发电机组。放射性物质得不到冷却，于是温度不断地攀升，攀升……

第二天，反应堆内部由于锆金属包壳在高温下与水反应产生了大量氢气，核电站主管决定将其释放出去。然而氢气一接触空气就发生了爆炸，1 号和 3 号反应堆相继爆炸，后来又一起爆炸摧毁了 2 号反应堆的外壳。乏燃料池由于温度过高，向大气中释放出了极具放射性的烟雾，太平洋水域也受到了严重污染。

今天与明天？

被污染的水一旦排放到太平洋中，它对生态系统所带来的影响是难以预估的。

五年过后，到了 2016 年，当地的居民开始慢慢回归，虽然田野和城市的土壤已被清洁处理，但周围的很多森林中仍存在强核辐射，食用当地种植的菌菇类食物依旧存在很大危险。

虽然事故之后只有少数居民确诊了甲状腺癌，也少有与这场核辐射直接相关的死亡，但是有些受辐射影响产生的疾病，可能会蛰伏许久，甚至需要 30 多年才会显现，而目前为止，我们显然还没有那么长的时间去分析它的后续影响。

要评估土地的状态也很不容易，因为放射性物质就像"猎豹身上的花纹"那样毫无规律地分布着：每一块干净的土地旁边，很可能就有一块被污染的土地。

与此同时，核电站的拆除工作也在继续，这个过程可能需要耗费 30 年，甚至 40 年的时间。

今天

全球变暖与第六次物种大灭绝

　　大约从 1850 年开始，也就是工业革命以来，人类的活动开始对大自然产生显著影响。与之相对的，自然也势必会对人类的历史进程产生影响。在过去的几个世纪中，人类一直认为自己才是自然的主宰。而实际上，自然对人类生存发展也产生着空前重要的影响。

气候变暖

　　自工业时代以来，人类大量使用煤炭和石油，导致大气层中的温室气体不断增多（150 年间二氧化碳的浓度增加了 30%），地球表面的平均温度上升了约 1.3℃。在全球范围内，降雨变少了，干旱地区越来越多。由于两极冰川融化和表层海水受热膨胀等原因，海平面每年都会上升约 3 毫米。

　　随着全球气候变暖，海啸、地震、龙卷风、暴风雪等一些极端天气现象在近 40 多年内呈爆发式增长，且破坏力越来越强。

观测

　　也许有人会问：气候真的变暖了吗？是的！21 世纪初，阿尔戈（ARGO）计划启动，许多国家都加入了这个项目，这是一个全球海洋观测项目，科学家们将卫星追踪浮标投放到各大洋 2 千米深的水下，这些浮标可以测量海水的盐度、水压及温度。

　　这种测量非常重要，因为海洋吸收了温室气体排放至大气中 93% 的热量，而空气、陆地和冰川只吸收了 7% 的热量。通过分析海水中的各种数据，能快速、准确地探查到气候变暖的情况。卫星数据也进一步佐证了这一观测结果。据联合国政府间气候变化专门委员会评估，如果人类再不对全球变暖加以干预，到 2070 年，地球表面的平均温度将会较工业化前升高 4℃。

第六次物种大灭绝

此外，其他的人类活动，比如过度使用杀虫剂、滥伐森林，以及无节制地破坏动物的生存环境，也加速了大量脊椎动物的灭绝。从 1900 年开始，40% 的鸟类的栖息地面积减少了 80%。1993 年至今，43% 的狮子已经消失了。现在全世界仅剩大约 35000 只狮子！

截至 2018 年，有 13% 的鸟类被认定为受威胁物种，其中有 222 种濒临灭绝，例如雪鸮，还有在亚洲被频频偷猎的黄胸鹀，在野外已经多年没有见到它们了。它们几乎悄无声息地消失了：鸟儿们从树上掉下来时是不会叫的。

昆虫也深受其害。20 多年前，人们开车只要开上千八百米后必须好好清洗挡风玻璃，因为玻璃上会沾满各种小飞虫。而现在已经没有这个必要了，受环境影响，飞行的小虫数量远不及以前那么多。

明天呢……

我们的未来会是怎样的？

在自然的力量面前，人类显得如此渺小。2020年，新冠肺炎席卷全球，数百万人因此丧生。这场仍在持续蔓延的瘟疫是否将再次改变历史走向，我们仍未可知。只是，对于未来人与自然如何和谐共处，我们需要在加快社会发展的同时，更多考虑其对环境的影响，从国家政策到个人意识，方方面面做出更多积极的努力。

毕竟钱并不是万能的，它买不到最珍贵的东西：生命。而我们对待自然的方式，势必会对人类的历史产生极为重要的影响。

时不我待

我们的目标是在21世纪末，将全球平均温度的上升限制在2℃以内。

为了达到这个目标，人类必须从根本上改变自己的思考方式、消费方式以及出行方式。比如，为了减少导致全球气候变暖的温室气体排放，就要对交通（飞机、船舶……）作出限制，或者重新发明它们。此外，我们还需要相关的政策，及时观测、估量环境受损的程度，并给出应对的方法。

如果我们什么都不做呢？

如果我们对此无动于衷，那之后所产生的后果无论是自然还是人类都将难以承受。随着气候不断变暖，海平面会不断上升，这意味着至少10000个岛屿可能面临灭顶之灾，包括马尔代夫、马绍尔群岛，等等。这将导致大规模的人口迁徙。此外，中东地区的水源匮乏可能会使冲突成倍增加。而为地球储存了大量淡水的北冰洋，也将因为冰盖缩小，通航条件改善，而成为列强争夺的目标。

没有传粉昆虫
的世界会如何？

因为有传粉昆虫的帮助，许多植物才能完成授粉并结出果实。如果没有这些昆虫，就没有苹果、梨等水果……但是现在，很多传粉昆虫都深受杀虫剂的毒害，其中就包括蜜蜂。即使改良后的杀虫剂并不会杀死蜜蜂，也会使它们丧失辨别方向的能力。

当然，要想帮植物完成授粉，并非只有传粉昆虫这一种选择，也有某些比较特殊的情况，比如在中国四川的部分地区，为保证果实的产出效果，农民会及时采用人工授粉的方式，而日本等国的一些企业也在尝试研究利用无人机给花儿授粉。不过，无人机可造不出甜甜的蜂蜜哦！

希望

几个世纪以来，人类一直认为自己才是自然界的主宰。在这种认知下，人类对自然毫无节制的作为，终于遭到反噬，并逐渐置人类于危险境地。而地球的资源以及它的运转，原本就处于一种十分脆弱的平衡状态。人类只有立即采取积极有力的保护措施，才能创造未来、保持希望。

事件坐标

那些颠覆历史的自然事件都发生在哪里呢？

P34-35

1967年
一场磁暴差点
引发第三次世
界大战

P36-37

2005年
卡特里娜飓风揭示了
美国的脆弱

P26-27

1783年
冰岛火山爆发搅乱了
整个欧洲

P12-13

6500万年前
小行星撞击和火山爆发
导致恐龙灭绝

图书在版编目 (CIP)数据

改变历史的大自然 /（法）西尔维·博西耶著；
（法）克莱芒丝·杜邦绘；王艳译 . — 昆明：晨光出版
社，2021.7
ISBN 978-7-5715-1069-5

Ⅰ.①改… Ⅱ.①西…②克…③王… Ⅲ.①自然科
学－儿童读物 Ⅳ.① N49

中国版本图书馆 CIP数据核字（2021）第 074043号

改变历史的
大自然

gai bian li shi de da zi ran

〔法〕西尔维·博西耶 著　〔法〕克莱芒丝·杜邦 绘　王艳 译

出 版 人　吉 彤

项目策划　禹田文化　　　　　责任编辑　李　政　常颖雯　韩建凤
项目统筹　孙淑婧　　　　　　项目编辑　石翔宇
版权编辑　张静怡　　　　　　装帧设计　张　然

出　　版　云南出版集团 晨光出版社
地　　址　昆明市环城西路609号新闻出版大楼
邮　　编　650034
发行电话　（010）88356856 88356858
印　　刷　上海利丰雅高印刷有限公司
经　　销　各地新华书店
版　　次　2021年7月第1版
印　　次　2021年7月第1次印刷
ISBN　978-7-5715-1069-5
开　　本　260mm×314mm 8开
印　　张　6
字　　数　48千字
定　　价　86.00元

退换声明：若有印刷质量问题，请及时和销售部门（010-88356856）联系退换。